NUMMERN

Impressum

Deutsche Erstausgabe 2018
Copyright © 2018
Alle Rechte vorbehalten.
Urheberrecht: Friedrich Linzing
Lektorat, Titelseite und Layout: Friedrich Linzing
Sprache: Deutsch

„Elle court, elle court, la maladie d'amour."
(Michel Sardou)

Vorwort

Hier soll in den Fokus gedrückt werden: Interdependenz.
Kognitive, der sprachlichen und numerischen Ausdrucksweisen, im Zusammenspiel mit der uns umgebenden Erscheinung, die uns durchaus sehr „wirklich" begegnet.

Dabei soll zutage treten, dass Sprache und Mathematik uns als Filter dient, im rationalen überprüfbare und dokumentfähige Entscheidungen vorzubereiten. Diese sollten dann auch noch begründet und durchgeführt werden, rechtfertigt und vertreten.

Sprachen und mathematische Ausdruckweisen geraten dabei hin, Kommunikation und soziale Interaktion zu ermöglichen.

„Im Anfang war das Wort, und das Wort war bei Gott." (Ev. Ioh. 1,1)

I.

Es gibt diesen Moment.

Es gibt im Leben eines jeden Menschenkindes diesen Moment an welchem das Kind erstmalig zusammenhängend gesprochener Sprache zu folgen vermag.

Ab da, gibt es kein Halten mehr. Das Kind redet mit. Stammelnd, manchmal unbeholfen, lückenhaft mitunter, aber eins sicher: bestimmt. Bestimmend.

Ab jenem Moment, mitwirkend als Teil der Gemeinschaft – partizipierend.

Diesen Moment zu beleuchten ist hier Aufgabe und Zweck geworden.

Denn, in Sprache und Zahl sind nicht nur Nomen und Omen bestimmt, sondern im Zeichen der Weise besteht auch Wesen und Identität und Kult. Wahlweise bestehen diese nicht, indes wir bedienen uns dieser durchweg sehr selbstverständlich und unbekümmert. Und tun so, als wäre es nicht anders vorstellbar.

Und doch koexistieren eine Vielzahl von Sprachen, Zähl- und Ordnungssystemen und eben diese sind doch selbst teils dynamischen Entwicklungen unterworfen.

Und es geht ja nicht so sehr darum, diese nur zu erwähnen, in ihrer Funktion uns vernunftbegabten homo sapiens zu dienen, sich in Raum und Zeit Auskommen, Gelegenheiten und Wunschbefriedigung zu verschaffen. Das, wäre ja ein allseits eng beschriebenes Blatt, auf dem sich bereits andere Autoren verewigt hätten.

Nein. – Das unbeschriebene folgt. Hier geht es um die Rückkopplungen, das Wirken zurück ins reale. Wir berühren die Spiegel. Drehen am Verständnis. Machen das Experiment mit. Die Echos sind ja hinlänglich bekannt in der

Wirkung des Datums, wenn der Befehl ausging, hat das Subjekt im Herrschaftsbereich zu spuren, oder Sanktionen werden je nach Grad der Machtausübung angewandt. Die Reflektion – flächig – ist erreicht. Noch war man dabei, Vieldeutigkeiten und allenfalls Missverständnissen an der sprachlichen Oberfläche zu wehren, um hochgetreue Übertragung zu gewährleisten.

Aber hier schlagen wir tiefer durch. Es geht um die Beziehung zum beziehungsschaffenden Medium selbst. Und dann geht es auch um das Verhältnis des perzipierenden oder sonst „betroffenen" bzw. „unterworfenen" Individuums zur

Mathematik, jener, welche situativ offen oder vielfältig subtil und untergründig Macht auf dessen lebensrelevanten Umstände ausübt. Es ist ja doch immer nett, sich über die Details im klaren zu werden, die einem das Leben schwer oder leicht machen. Und es kann ja kaum schaden, genau nachzusehen unterm Bett, unterm Schemel unterm Teller, was da wohl kreucht und fleucht, was beim Programmieren ausser Acht gelassen wurde oder eingeflossen ist, an Annahmen und Voraussetzungen.

Es geht um Hindernisse, mit welchen unsere Sprache uns umgibt, ja oft genug begräbt. Es geht um die Armut und Ausweglosigkeit, die uns zum betreffenden Zeitpunkt zur Verfügung stehende Reflektion an Sprache einerseits und die Anzahl an Währungseinheiten auf dem Bankkonto andererseits die uns zeitweise sprachlos zurück lassen möchte. Es geht um die Begrenzung der Mittel. Die Begrenzung, nicht jener materiellen – das wäre hier zu kurz gegriffen – sondern jene der Reflektion bereits, mit Einbezug der Vielfalt wie die Idee der umgebenden Wirklichkeit erfasst und verarbeitet wird. Dabei ist Bildung freilich hilfreich. Gleich mehrere Sprachen zu Gebote ziehen zu können ist besser als nur eine. Und selbstverständlich kann man mehr an Kalkulationen anstellen, wenn man geschult ist, viele verschiedene

Rechenvorgänge zu erfassen, abzubilden. Allein, dies alles lässt folgende Frage noch unbeantwortet: Ist der vorliegende Term, der Ausdruck tatsächlich meine Limite, meine Grenze?

„Nehmet die Summe..." (Num. 1,2)

II.

Ist also der Leu, der Löwe wie ich oder mein Ahn ihn zu titulieren und zu charakterisieren beliebte, oder dessen Ahn, ist diese Beschreibung desselbigen noch zwangsläufig valide oder anders, gleichförmig bindend bedeutend im gegenwärtigen Kontext?

Der Ochs, das Haus. Das Rind, das Reh. Der Wagen, der Baum. Begegnen wir uns. Begegnen wir uns? Wie begegnen wir dem Baum nun, im Schritttempo oder rasen wir an ihm verloren vorbei im motorisierten Wagen. Was wenn. Der Baum tut mir nichts, laufe ich denn an ihm vorbei. Aber so ein Baum kann so einem motorgetriebenen Wagen viel an Schaden tun.

Begegnen wir dem. Begegnen wir neu. Beginnen wir. Geht uns also die Reise so viel schneller vonstatten als ehedem, dann begegnen uns nicht nur zahlenmässig mehr Objekte in vergleichbarem Zeitraum, sondern die Begegnungen mit diesen Objekten gewinnen andere Wertigkeit, andere Risikostrukturen. Die Beschaffenheit der Machtfülle der Umgebung erfährt eine nachhaltige Umschichtung.

Der Rahmen des Kontinuums ändert sich. – Das Zusammenwachsen der Biotope spielt im Reflektorium des in Beschleunigung begriffenen Reisenden eine Rolle!

Mit dem Fortschritt an technischer Entwicklung ändert sich die Machtstellung der fixierten oder beleuchteten Objekte jedenfalls gründlich genug. Im chinesischen besonders deutlich sichtbar wie im Ablauf der Jahrhunderte die Fülle der Bildbuchstaben zunimmt.

Die schiere Grösse des Alphabets im chinesischen expandiert mit dem Fortschritt. Dem steht das Individuum gegenüber. Die Herausforderung:

diesen endlos scheinenden Drachen zu bezeichnen. Im Ringen um das passende Wort. Um den passenden Ausdruck für den Tag, dem Ringen um Bildung, im Einklang mit der uns umfassenden Harmonie zu treffen.

Bei uns hingegen, mit dem Lateinischen Alphabet gewappnet: uns ist es Anliegen und Bedürfnis, den alten Sprachen, Latein und Griechisch zu entnehmen, deren Silben was unsere zunehmend ausdifferenzierten Fachsprachen prägt. Sodann bei uns, der Ablauf, die Reihenfolge. Syntax.-

"...die Zahl der Gerechtigkeit nahe..."
(Henoch, die zweite Bilderrede)

III.

Es geht weiter. Namen klingen besonders schön, wenn sie noch neu sind. Später, fügen sie sich ein, und manchmal geraten sie sogar in Vergessenheit.

Namen und Nummern überlappen sich. Das liegt zum einen dran dass Name wechselseitig als Nummer oder Nummer als buchstabenträchtiges „zweiundvierzig" ausgegeben werden kann.

Die Bedeutung ändert halt mit der Wertschätzung welche das Individuum oder das Kollektiv dieser entgegenzubringen beliebt. Zudem interagieren Namen, Qualitäten und Nummern, Quantitäten qua jeweils setzen der Multiplikationsfunktion in imperativer Absicht!

Auf solchermassen geschaffene Interaktion bauen dann weite Teile der Wissenschaften, gerade jene der Naturwissenschaften. Nomenklatura, Quantitäten und Zugehörigkeit sind eigen, wie auch die wechselnden Namen. Aber die Ziffern sind da auch nicht anders.

Diese erscheinen zwar rein, nämlich völlig bedeutungsentleert und abstrakt in völliger Identität vereint im eins ist gleich eins im „Einmaleins". Klon des Klons alle gleich, fast möchte man meinen, in Mathematik sei endlich das Postulat der französischen Republik erfüllt, mit Gleichheit, Freiheit, Brüderlichkeit bei der Oper, bei der Operation, bei der Handhabung dieser Nummern.

Wenden wir uns zu unserer Beziehung den Zahlen zu.

Magische und religiöse Bedeutung hat man diesen ja durch die lange Geschichte hin zugesprochen. Kaum eine Zahl, die „bedeutungslos" betrachtet wird, schicksalhaft und eng hat man diese beachtet. Und die technikfeindliche, abergläubische Liga unter den Religiösen, diese hätten ja die Ziffern schon längst verboten, verfemt. Etwa so, wie die Runen zuvor.

"...er brachte sie zu dem Menschen, dass er sähe, wie er sie nennte; denn wie der Mensch allerlei lebendige Tiere nennen würde, so sollten sie heissen." (Gen. 2,19)

IV.

Aufzählbares. – Auf! Zähl Bares.

Es gibt dafür verschiedene Systeme. Römische Ziffern. Arabische Ziffern. Den Ziffern auf die Finger geschaut.

Jeweils sehr unterschiedliche Funktionalitäten, je nachdem zu was diese in Verwendung genommen sind.

Wer da die Möglichkeiten der Technologie im Hinterkopf behalten hat bekommt einen Stern *. Das haben wir gern. So.

Man kann also auch alles unter „Null" und „Eins" zur Wiedergabe verwenden.

Denn digital so heizen uns die Ziffern heutzutage mächtig ein. Man kommt sich mitunter vor, ganz klein. – und so, soll es ja schliesslich nicht sein!

Deswegen stellen wir uns analoge reale homo sapiens dem. – Komme, was da will.

Spannt es uns mit Netzen ein, werden wir ganz klein in solchen Schleiern bleiern so dringen durch der naiven Prämissen verdeckten Machtanspruch an unsere Seelen:

Sehe: „Zahl sei wahr" – „Zahl sei nützlich" – „Zahl sei objektiv" (verstärkt dann noch, in der Version mit Ausschlusscharakter, nur Zahl sei ebenbürtig Fakt)

Voilà, résultat d'en présumer la trinité naïve.

Diese voran gestellten Annahmen sollen hier für das ganz allgemeine Interesse verworfen werden, aus guten Gründen. Arbeitsannahmen stellen sie dar planerischer Walten bezüglich spezifisch zu begründender

Anwendung, und sonst nichts! Damit gerät die Zahl situativ im Hinblick auf eine konkrete Anforderungssituation als dienlich wie dem Hirt der persönlich bekannte Hund; denn wo nicht, erschiene ominöse Ziffer oder Unbekannte bedrohlich allgegenwärtig unpersönlich: fremder wilder Wolf.

Folge wer will.-

Recht stellt nach wie vor die Möglichkeit zur Wahl der Sichtweise bereit. Die Würde der Zahl ist antastbar. Die Würde der Zahl ist positiv antastbar! Und Zukunft ist gewiss – sie bedarf des Einsatzes von Zahlen lediglich bedingt notwendigerweise. Der Luft bedarf sie,

Schönheit und des humanen Ideals. Wesen wähle!

Das Mass der Dinge sei das alte, ursprünglich pragmatisch umfassende. Nicht der Norm geschaffen, sondern der Lust am Sein sei der Drang hin zugerichtet. Zahl sei da zu dienen, nicht zu beschneiden.

Also. Mit gutem Gewissen sei Zahl deren lediglich instrumentaler Charakter zugestanden. Zahl sei nützlich, zu klassifizieren, wie jedes andere Werkzeug im Kasten auch. Der Pflege nach und vor Gebrauch bedürfend. Und wie jedes Werkzeug könne Zahl stets bösen Absichten, indes auch guten dienstbar gemacht werden, je nach Umstand. Das, der Vollständigkeit halber.

-**-

Die „Null" gibt es also nicht. Genauso wenig gibt es dann aber auch, die aufzählbare, aufblasbare ad infinitum Ansammlung kumulierfähiger teilbarer, vorstellbarer einander völlig gleichender „Einsen". Und doch, ist deren Verwendung und Kombination scheinbar grenzenloser Nutzen zu entziehen. Der virtuelle Raum birgt damit N Dimensionen, perfider Schlund unsere Konzentration in Bann zu ziehen, Hypnose pur.

Sich in Wunschvorstellungen der Realität zu entziehen. Und virtuell wird sie uns real zugänglich, einnehmend, zeitraubend, kostenintensiv. Denn in Realität der Spiel Spiegel Monitore zeiht sie uns Zeit auf dem Altar zu opfern ihr zugewandt.

Und wie der Schlange ins Antlitz zu blicken wir gewagt. Entziehen wir uns dem wieder, sacht, denn die Freiheit des Menschen bezieht sich auch auf den Herrschaftsanspruch auf Daten, welche wiederum auf der Zahl als Dimension und Einheit fusst.

Damit aber zeigt sich; die Idee vom Werkzeug ist nachhaltiger von Wirkung und Bedeutung als das

Werkzeug selbst und damit auch nachhaltiger als die Zahl an sich. Wie es denn bereits steht.

Breitsteht. – Die Schönheit der Struktur der Reinen in der Mathematik, in der Musik, im Ausdruck des Tanzes und des Wechsels der Standpunkte und Rhythmen der Lebenden würde nicht ausgeforscht und erkundet. Spekulativ oft genug, auf der Suche nach dem Beweis der Vermutung einer Identität gemacht und doch wären diese (eigentlich:) „Gedankenspiele" nicht präsent, nicht tradiert, entbehren sie des praktischen Nutzen in den Erwägungen praktischer Natur. Nutzenhalber wird Mathematik tradiert wie Religion und kultureller

Kontinuität halber, im Glauben an eine bessere Welt von morgen.

"Hebet eure Augen in die Höhe. Sehet! Wer hat solche Dinge geschaffen? Wer führt ihr Heer bei der Zahl heraus?"
(Jes. 40,26)

V.

Rechnen kann man mit ihnen, neben Nullen und Einsen, mit veritablen Variablen, Unbekannten, Zahlenräumen, Imaginären und deren Unendlichen.

Diese Charaktere sind zutiefst wunderlich, zumal sich Beziehungen und logisch ableitbare Abhängigkeiten zwischen diesen bemüht werden können, solche welche als notwendig aufgezeigt werden können. Nicht jedermanns Ding, die Sprache der Mathematik: karg. Die wenigsten betrachten diese geistige Schwerstarbeit als Hobby. Die meisten bewegen sich während der Schulzeit hindurch durch die betreffenden Schulfächer mit Bezug zu Mathematik wie durch einen Pein bereitenden Spiessrutenlauf. Mathe ist nicht alles. „Versage nicht, du Häuflein klein."

Früher. Ja, früher.-

Antike. Andacht. Errungenschaften. Wiederentdeckte Meister. Aber die eigentliche Exposition, Explosion des Wissens rundherum der

Zusammenfassung von Zusammenhängen, das ist sehr entschlossen Sache der Neuzeit.

Zumal die Operationen nun endlich maschineller Kapazitäten sei Dank, in Praxis umsetzbar sind.-

Anomal, die Struktur der buchstäblich und gleichzeitig zahlenhaft belegter Zeichenfolgen der hebräischen Schrifttradition, solche sich hinziehen hinein ins textliche wasserzeichenhaft schon rätselhaft wie das Morgengrauen tief wie die Unbekannte.

Dimension um Dimension tut sich dort auf. Und meint man, zehn oder fünfzehn parallel sich stützend in Deutung gefunden zu haben, dies Geflechte, dann tritt ein weiterer Bedeutungsstrang leuchtend an die Oberfläche so als sei die Suche bisher nur zu diesem bestimmt gewesen. Schicksalhaft anmutendes begegnet dort. Mächtig wirkt der Zahlen Schutz im Gedruckten.

Und wegen der neuen Zeit mit der maschinellen Rechenkapazität wird es Zeit, sich von der Zahl als Idee und Amme zu emanzipieren und gehen zu lernen.

Die Distanz von der Zahl als einer selbstverständlichen weg ab zu stehen eröffnet neue Möglichkeiten. Es treten weitere Möglichkeiten nutzvollen Einsatzes derselben in die überschaute Fläche. Der Raum wird grüssen.

Und man ist in die Lage versetzt, sich dem Rechner gegenüber zu fragen, was man denn da eigentlich tue? Nicht wahr?

Mittelalter. Noch Anfang des 20. Jahrhunderts. Begegneten uns diese Nummern, wie schicksalhafte Halbgottheiten, Einstein war völlig in Bann geschlagen als er seine Thesen in die Welt setzte, er allein gegen alle. Aber besehen wir doch das Kontinuum aus der Perspektive der Zahl, ändern wir doch die Perspektive und steigen in die Mokassins der Null.

Entzaubern.-

Entkleiden dem Nimbus.-

Aufklärung hat viel geleistet, bisher.

Jetzt, Nummern, seid ihr dran!!

Die Null, die Eins, ein Etwas mit Bezug. Die Energie aber stellt der Mensch, in jeder Beziehung. Was der Mathematik wird bestimmen wir. Nicht umgekehrt.

Sonst gäbe es ja bereits schon all die noch unbekannte terra incognita mathematica, ager incredibilis, aber nein, sie ist nicht. Warum ist sie nicht? Weil sie noch kein Mensch gesehen und benannt hat. Quod erat demonstrandum.

Der Mensch bestimmt den Fortgang der Zahlenkunst, nicht umgekehrt, obwohl, obwohl Rückkopplungen auftreten und deren Macht wirkt und das deutlich zu beleuchten kündet die Abfolge gegenwärtig leuchtender lateinischer Zeichen.

Nicht der Logik wird Zwang angetan.

Nicht die Wahrheit der Operationen hinterfragt.

Dem hinzugefügt wird ohnehin viel. Und in Zukunft wohl sogar mehr.

Aber deren Betätigungsfeld in compositas wie wo was mag erforscht sein. Wo nicht? Welcher Nutzen entzogen.

Nicht geleugnet werden kann: ein neu aufgefundener logischer Bezug. Und dieser kann: empirische Forschungsgebiete in ihren mühevollen und kostenintensiven Betätigungsfeldern dermassen entlasten durch den Zugewinn an Erkenntnis pro totum dass dies völlig neue andersartige Erkenntnis zulässt, allein durch freigesetzte anderweitig knappe reale Ressourcen an anderer Stelle!

Damit erzeugen Ideen in Unerschöpflichkeit Mittel und Wege. Dem homo sapiens in dessen realen Abhängigkeiten, ein Segen.

„Wo eine verständige Obrigkeit ist, da geht es ordentlich zu." (Sirach 10,1)

VI.

Den Schleier des Algorithmus über einen definierten Prozess geworfen, diesen abbildend.

Diesem steuernd eine Folge zuführen.

Die Trägheit welcher die Maschine unterworfen ist, lässt das zu.

Unsere Besorgnis stillend: stets noch auf der Suche nach dem passenderen, noch ausgefeilteren Algorithmus – lernfähig.

Und doch, Mathematik ist lediglich Ausdruck und Schiefertafel auf welches wir mit Kreide kritzeln auf dem Handy, dem smarten. Freilich reflektiert diese uns einleuchtend auch unerwünschtes wider.

Aber bis anhin, war doch auch überwiegend Nutz und Frommen damit verbunden!?

Nun, die Oberflächenstruktur wie die Funktionen diese spiegeln ist alles andere als schicksalhaft vorgegeben!

Selbst wenn gar der Fall eintreffen sollte, dass zum gegebenen Zeitpunkt allein eine einzige Funktionalität mit Kombination bekannter Wirkweisen zur Verfügung stehen würde, den in Frage kommenden Prozess zu beherrschen – so existieren doch und gleichzeitig weiter n andere Dimensionen, welche ebenso legitim herbemüht werden könnten.

Lernfähigkeit und die Geschwindigkeit, neue Wege zu erkunden um Alternativen realiter zulassen zu können, das ist eine Herausforderung, eine annehmbare.

Denn Programmierer unterliegen wie alle anderen Erwerbstätigen durchweg ökonomischen Gesetzmässigkeiten. So bleiben dort wie überall Fragen der schnellen Problemlösung im Alltag gefragt.

Digitalisierung entspricht in dessen Bedeutung und Nutzen in jeder Hinsicht jedem anderen Handwerk. Pfusch und Glanz gibt es dort wie anderswo auch. Fehler und Genialität also auch dorten. Vielleicht sogar mehr als sonst.

Denn, nichts ist schnelllebiger als dies Berufsfeld. Der Wechsel, die Metamorphose in und durch die Technologie: mit Händen zu greifen.

Geifern. Wieso also tun wir so, als geschähe uns dadurch Schicksal.

Der Antike und dem immer gleichen verhaftet, sind wir nicht mehr nach den raschen Wechseln seit der Renaissance immer schneller der Takt der Erneuerung.

Zahlen - kann man auch ganz ohne auskommen.

Klar. Nützlich ist es, rechnen zu können. Aber lebensnotwendig?

Zumal, ja der Taschenrechner zu Rate gezogen werden kann. Oder der Nachbar wenn man ein Problem hat.

"...der da Joseph hütest wie Schafe; erscheine!" (Ps. 80,2)

VII.

Zahlen, zollen, messen, beziffern. Feilschen. Um Geld könne man trefflich streiten. Wobei nicht um Quantitäten, sondern doch zumeist um Qualitäten!

Und so geraten Zahlen zur Sprache hinzu man einigt sich auf der Zahlen Ebene.

Was also ist der Zahlen Wert? Welche Dimension entzieht sich deren reden?

Und doch, diese beziehen sich lediglich auf die Folge, jene Abfolge die vom Nullpunkt – dem absolut gesetzten Nichts ab – weg gestreckt wird stets gleich abgehackt auf einander folgende periodischen Marken wo eigentlich vom Nichts weg Nichts folgt.

Mathematik. Vakuum im Nirgendwo. Llano estacado marcando el desierto perdido, incompleto como el abismo mismo, pista en la arena. Nada que sea seguro. Debido a la firme creencia en la regularidad de las mareas, continuamos caminandolo a ese llano, sin embargo.

Irrational die rationalen Pfadfinder, diese trendscouts mit Doktortiteln denn sie wissen nicht, was sie tun. Sie seien mitnichten alle gleich. Ja, tut's jetzt anders??

Oder erscheint die fata morgana am gleissenden Horizont Spiegelungen im Backofen. – Mathematiker pflegen Präferenzen im Zahlenraum und gerade sie sind jene welche besonders gewandt mit Rechenoperationen umgehen, diese haben Lieblinge, Primzahlen, etc.

Die besten Kopfrechner haben gar einen besonders engen emotionalen Bezug zu diesen Folgen. Und doch gibt gar keine Zahlen, sei es nicht des Umstands dass diese sich des menschlichen Geistes bedienten, fast wie ein Schmarotzer sich der Wirtspflanze bemächtigt.

Kaum eine Grösse wie jene der Ziffer, in welcher sich die Idee in Reinstform so sehr in ihrer Wirkung auf die Wirklichkeit äussert, niederschlägt und Spuren hinterlässt!

Schönheit der reinen Struktur, Vollendung.-

Wo doch der Mensch in seiner Unvollkommenheit, seiner schieren Erbärmlichkeit, in Korruption daneben versinkt.

Die Beziehung zur Zahl: mystisch verklärt. Noch.

Verklärt, den Taschenrechner betippt.

Zeit nimmt das Rechnen in Anspruch, Konzentration, Anstrengung, Arbeit.

Früher, ja da gab es eben nicht so viel zum rechnen. Ging ja auch nicht. Nicht so gut jedenfalls. Aber nun, da Programmiersprachen überhand nehmen?

Zahlenströme verschiedenster Provenienz und Dimension erheben ihren Machtanspruch auf unsere Leben vielerlei, oft unabhängig von einander gleichzeitig. Das wären dann auch noch chemische Wirkstoffe und deren Nebenprodukte und Abfallprodukte, unbeachtet in die Umwelt entlassen dies alles: Berechnungen entspringende Faktoren mit durchaus sehr realen Folgen. Dann, Computerprogramme und gesteuerte Energieeinwirkungen thermisch und mobilitätsbedingte gestaltend wirken auf unsere Körper ein, belastend, stählend, schonend – stimulierend.

„All Morgen ist ganz frisch und neu des Herren Gnad und grosse Treu."
(Johann Walter)

VIII.

Konstanz. Das ist die moralische Grösse woher Mathematik lässt grüssen – von ferne.

Mathe heute, gestern, morgen und in Ewigkeit. Das, bitteschön ist nicht blasphemisch, sondern akzeptiert – auch und gerade bei bekennenden Atheisten!

Agnostiker wollen sie sein, kennen und bekennen indes gleichwohl diese knappe Form der Metaphysik. Der Glaube an Zahlen ist ja durchaus weit verbreitet.

Diese knappe sexy Form ermöglicht schliesslich das quantifizieren, da kann man ja Zugeständnis machen, pragmatisch biegsam wie der Kopf sich dreht.

Und dann erst das Kirchenschisma unter Konstantin, ob denn nun einerlei Drei eins sei, oder sonst anders verschieden ähnlich dem so. Lärm um Nichts.

Geheimnis. Früher war Wissenschaft und Kunde im geheimen versiegelt – heute soll das Urheberrecht durchgesetzt werden. Das Hantieren mit genau austarierten Rezepturen, das Wissen um Prozesse, Abläufe und Zusammenhänge, jene Formeln welche die Eigenschaft empirischer Relevanz haben weil sie nachprüfbar Phänomene der Naturwissenschaft replizieren.

Damit aber, Wirkweisen können vorhergesagt werden, Ereignisse können gestellt werden und hoppla – wir rechnen mit Formeln und wollen sein wie Gott denn ab da wo es funktioniert (das Maschinchen), da freuen wir uns wie der Schöpfer daran, in eigenartiger Hochstimmung dessen, etwas geschaffen zu haben.

Was also stellen diese Zahlen mit uns Menschen an? Wohin führt das ständige Ausgesetztsein gegenüber Algorithmen, Wirkstoffen und den künstlich geschaffenen Strahlen verschiedenster Wellenlängen?

Die solchermassen „künstlich" erzeugten Belastungen des Körpers welche die natürlichen Phasen und Perioden nach und nach ersetzten erzeugen einen Dauerstress. Dem Körper sind diese unpersönlichen Zahlen und deren Wirkweisen und Konsequenzen eigentlich fremd und nach und nach wird der Körper mürbe.

Je mehr je stärker ergreifen Zahlen von uns Besitz. Wer wehrt dem? Hat keiner denn gemerkt wie Digitalisierung zunimmt. Von Entropie, dem zunehmenden Chaos in und um uns her ganz zu schweigen. Die radioaktive Belastung ist da. Kein Sinn darin, sich zu sorgen. Alles durch Berechnungen herbeigeführte Belastungen unserer Körper, dieser Biotope, welche wir doch sind, komplexe Wesen, markiert durch noch so viele komplizierte symbiotische Prozesse, wir Lebewesen, Holobiont ein einziger Teich!

Ist der Mensch hungrig, schafft sich doch lediglich die Magen-Darm-Flora Interesse Gehör im harmonischen Gesamtgefüge das uns ausmacht alle wollen doch schliesslich leben das Bakterium und die Flechte mit.

Stillschweigend wird die zunehmende Belastung unseres Organismus und der Umwelt mit welcher wir in organischer Verbindung stehen in Kauf genommen. Irreversibel herrschen Zahlen in deren Auswirkungen vielfältig unbeachtet und in der unbedingten empirischen Relevanz dem kollektiven Bewusstsein erst nach und nach vorgeführt.

„Da der König die Worte des Gesetzes hörte, zerriss er seine Kleider." 2. Chr. 34.19

IX.

Gesetzmässigkeiten, Annahmen, Beweise: all das um Präferenzen willen aufeinander folgender völlig identischer namenloser Grössen. Sein oder Nichtsein?

Was haben wir Menschen uns nur dabei gedacht, mit diesen Ideen herumzuspielen, gleicht ja doch kein Ei, keine Schneeflocke, kein Atom dem anderen.

Und wir üben uns geschickt in allen Rechenarten. Deren sind viele. Nichts, das es nicht gibt. Denn der empirische Nutzen dessen ist evident. Wenn es der Werkstoff Eisen ist, der zur Herrschaft befähigt – dann um wie viel mehr erst jener Stoff, aus dem Mathematik beschaffen ist. Und dann die ganzen Feldversuche, die Experimente, messen und verifizieren.

Modelle, simulieren, ein Netz aus Funktionen und Formeln auf die flüchtige Wirklichkeit geworfen. Das Naturgesetz, ein überprüfbares, es gibt gar viele davon und es geht positiv darum, noch viel mehr Fragen beantwortet zu bekommen! Aber immer nur die zugrunde liegende

Materie hinterfragt indes nie: die Zahl an sich. Schillernde Zahl, es gibt deren identischen Ausdrücke in so viel verschiedener Form, Bruchzahl, dezimal, binär, hexadezimal, fast könnte man meinen Zeus habe sich neuerdings dahinein verkleidet und wechselte darin, neuzeitlichen Schindluder treibend.

„Il y a enfin des idées simples dont on ne saurait donner la définition; il y a aussi des axiomes et demandes, ou en un mot, des principes primitifs, qui ne sauraint être prouvés et n'en ont point besoin aussi; et ce sont les énonciations identiques, dont opposé contient une contradiction expresse" (La Monadologie, 35. Gottfried Wilhelm Leibnitz)

X.

Nihilisten vor! – Monaden, schrieb Leibnitz blauäugig, das Einfachste überhaupt. Hätte er nicht selber daran gezweifelt, hätte er es nicht extra festhalten müssen.

Der Wahrheit gegenüber hält doch der Existentialist und radikale Nihilist noch die vorderste Linie angesichts der schieren Gewalt der Sinnlosigkeit, des Prädikats „alles sei eitel" salomonischer Weisheit.

Camus schrieb an gegen die Mauer des Unverständnisses. Contra geben der Fühllosigkeit der wahllosen Zerstörung. Schluckt uns doch alles die Null, so steht es sich lebend doch besser mit der Gischt der Frische im Quell im Maul angetan der hehren Sternenstaubpartikel erquickt tief von einem Brunnen gemauert der Ewigen.

Und Rebekka schöpft und schöpft. „She was too young to fall in love and I was too young to know, my sweet sixteen" And yet she followed Abraham's servant down the road into the unknown positively trusting, herself too, in the One and provider of Abraham.-

Ungläubig staunend. Ungläubig der Monaden einer stand Leibnitz davor, sah schon vor 304 Jahren uns gegenüber dieser Maschine, die seelenlos nichts vermag.

Wer diesem einen auch nur ein Glas Wasser reiche, erhielte doch den gleichen Lohn!

Elementarteilchen global auf der Flucht vor der Macht der Null – der annullierenden Schrecken. Hiroshima, Nagasaki, kein, kein Tokio, Gottes Willen, Nein! Nein.

Dabei kapituliert die Selbstverständliche Arroganz der magisch daherkommenden Römischen Ziffer nur etwas früher vor der Gewalt der grossen Zahl als die heute gebräuchliche Ziffer.

Der simple Unterschied zwischen „WAHR" und „FALSCH" funktioniert ab dem Einwirkungshorizont nicht mehr, jenem Horizont, ab welchem gilt, die Zahl „Unendlich" entspricht

„Unendlich plus Eins" in gleicher Weise wie der Zahl „Unendlich minus Eins" – zwangsläufig!

Die Null lacht sich ins Fäustchen.-

Nihilisten haben einen schweren Stand, es kein eigentlicher Stand sondern eher ein Schwimmen und rudern in der Nassschale am Rande des Schlunds und nur wer lange genug an vorderster Front überlebt hat weiss um die Nichtigkeit des Seins.

Leibnitz, wer wusste um dessen Gemüt.

Stehen wo kein Stand.

Machen wo kein Rand.

Reden wie bekannt.

Lieben im Band.

Laben im Fluss.

Entsinnen.

Schliesslich sind alle Zahlen bezogen auf die Null, auf die Gravitation der unausweichlichen Null. Alles was zählt bemisst sich in Bezug auf den Ursprung, von welchem Abszisse und Ordinate gleichermassen entspringen.

Schmalheftig. So müsse hohe Mathematik daherkommen. Sonst sei sie keine.

Und kein weiteres Blatt mehr vor den Mund nehmend verabschieden die Halbgötterwelt der Zahlen ungeachtet und ungeschmälert ihrer magischen Dimensionen doch gezielt ins triviale – auf dass wir diese besser kennen und schätzen und uns ihrer Qualitäten noch viel besser und nachhaltiger bedienen sollen! IN Griechisch-Römischem Ringkampf die Zahl zu Brust geführt. Zur Bedürfniserfüllung ist der spontan auftretende ungezügelte Appetit mitunter als tauglicher anzusehen als den durch Zahlenfilter gesehenen verzerrten Spiegel, der sich in dessen

Bemessen und Dosieren gleichwohl den Anschein des rationalen gibt!

Man postuliere weiterhin Freiheit, Gleichheit, Brüderlichkeit hinein in eine Welt wo doch keins dem anderen gleicht. Lieber noch in kleinem und grossem Stil das alte, menschliche Mass angewandt, und im Zweifel besser der Zahl Gewalt angetan als dem realen Individuum dem menschlichen zumal. Denn schliesslich lässt sich ja alles begründen nur, wie überzeugend wirkt dann die Begründung?

www.ingramcontent.com/pod-product-compliance
Lightning Source LLC
Chambersburg PA
CBHW040323220526
45473CB00009B/2551